Natalia Gelós

Criaturas dispersas

TRADUÇÃO
Denise Schittine

CATEGORIA

CRIATURAS DISPERSAS

Direção:
Bruno Vargas

Coordenação editorial:
Guilherme Xavier

Tradução:
Denise Schittine

Preparação:
Everardo Leitão

Revisão:
Isabel Rodrigues

Capa e projeto gráfico:
Desenho Editorial

Ilustrações:
Lucas Frontera Schällibaum

Dados Internacionais de Catalogação na Publicação (CIP)
(Câmara Brasileira do Livro, SP, Brasil)

Gelós, Natalia
Criaturas dispersas / Natalia Gelós ; tradução
Denise Schittine. -- Brasília, DF : Categoria Editora, 2025.
Título original: Criaturas despersas.

ISBN 978-65-83468-01-7

1. Ficção argentina 2. Natureza na literatura 3. Reflexões
I. Título.
25-249158 CDD-Ar863

Índices para catálogo sistemático:
1. Ficção : Literatura argentina Ar863
Eliete Marques da Silva - Bibliotecária - CRB-8/9380

[2025]
CATEGORIA

CLS 110 Bloco A Loja 13 – Sobreloja
CEP 70373-510 – Brasília – DF
instagram.com/categoriaeditora
www.categoriaeditora.com.br

A Milo, que me lembrou como dirigir meu olhar. A meu amigo Christian Kupchik

BASILEA
·15·11
DS

Mas, por favor, que ninguém, por conhecer a minha história,
se deixe levar pelo horror; que o supere e
que não desista, se leva a algum bom propósito
de encher sua cabeça de pássaros.

ANTONIO DI BENEDETTO
"NINHO NOS OSSOS", *MUNDO ANIMAL*, 1953.

Sumário

[furtivas] 11

Terra 13

Água 45

Ar 67

Fogo 87

[furtivas]

Dois novilhos lutando. Uma cegonha no charco-lagoa; uma doninha estraçalhada na estrada; uma perdiz se exibindo, um joão-de-barro em seu ninho, no ombro do Cristo na entrada do Azul; cavalos ao sol; vacas que vão para o abate num caminhão boiadeiro; umas lhamas que olham os carros passarem; um bando de cachorros abanando o rabo para o horizonte; o gato da vizinha que observa pela janela...

Criaturas dispersas no nevoeiro.

Terra

1

O verão terminava. A angústia de saber que algo novo estava terminando só era interrompida nas horas de sesta. Daquela vez, consegui trepar na parte mais alta da árvore. Fazia tempo que estávamos obcecados pelo ninho de pardais. Sabíamos que lá havia algo; tínhamos que descobrir o quê. Talvez tenha sido isso que me animou a subir bem alto. Ou a prática. Quase no fim de fevereiro, eram várias as árvores escaladas.

Subi na aroeira[1]. Onde estava o ninho, o galho era mais leve. Tinha que ter equilíbrio para não cair. Ou pelo menos tentar não cair. O ar queimava. A casca roçava nas minhas pernas e o cheiro de resina da árvore parecia mais forte lá em cima.

No ninho havia três ovos. Peguei-os com cuidado e desci. Me esqueci dos piolhos que sempre se escondem nesses lugares. O tesouro estava abandonado, ao alcance das mãos. Ela me esperava lá embaixo. De vez em quando, dava algumas instruções.

Quando cheguei ao chão, nos entreolhamos. O que faríamos agora com um trio de ovos? Filhotes estavam se formando ali dentro? Só sobraram sensações, imagens dispersas desse momento. Descobrimos que, sim, dentro dos ovos três girinos azuis estavam sendo gerados. Como soubemos? Caíram e se quebraram sozinhos? Nós os quebramos?

Nos sentamos na terra. Pegamos dois galhos. Não sei quem começou. Fui eu? Os olhos da criatura que apareceu

---

1 *Gualeguay* no original. No Brasil, a *Schinus molle* recebe o nome de *aroeira-salsa*, entre outros.

entre as cascas arrebentadas eram quase maiores que o resto da cabeça. Uma gelatina cinza cobria todo o resto. Ainda não tinha sequer um vislumbre de plumas. Se mexia? Por um momento parecia que uma patinha fazia algo, como se tivesse recebido uma descarga elétrica. Nós duas guardamos silêncio. As galinhas, no fundo da casa, cacarejavam. Fizemos um pequeno poço e enterramos os pequenos corpos. Havia algo de fatalidade naquele ato.

2

Como se caça uma onça? Dessas poucas, pouquíssimas, que ainda restam na montanha, que mal podem ser vistas... Como se rasga na noite, quando a lua é a única convidada, esse manto magnético de sombras desiguais, com o foco branco da luz do Jeep ou do 4x4 que outra pessoa dirige, e se chega ao lugar onde a caçada vai ter início? Como se percorrem quilômetros com esses guias que não falam o mesmo idioma, mas sabem onde ela está, e se ignoram, ou tentam ignorar, essas conversas entrecortadas que eles mantêm, sem saber exatamente o que dizem, mas são coisas que sempre terminam em risadas de boca aberta, felizes, com certeza, por levar esses chatos para mostrar o lugar? "Estão aí, procurem", ou algo assim, vão dizer quando chegar lá. Dá para sentir a adrenalina? Esse batimento acelerado que só uma situação dessas dá: a potência da arma na mão, de saber que o bicho anda por aí, desprevenido, mas tanto faz, porque se vai pensar nele como uma ameaça, se vai pensar nele como a encarnação dos medos, se vai pensar nele, talvez, como a sombra do pai?

Béla Hidvégi tem os olhos pequenos, os ombros levemente arqueados, os lábios finos e pontudos. Usa cabelo cinza jogado de lado e poderia ser, sem problemas, alguém que grampeia boletos pagos num escritório empoeirado qualquer do centro da cidade. Mas este húngaro é outro personagem. Um caçador voraz e com muita logística. Tem fotos que se repetem. Lugares diferentes, cenas parecidas: corpos de leões subjugados, ursos, cabras, búfalos, sempre com ele atrás olhando para algum ponto, para o vazio, sem muita expressão.

Começou a fazer sua coleção de cabeças tarde: já tinha 56 anos. No entanto, recuperou o tempo perdido e se atualizou com rapidez. Não levou muito tempo percorrer todos os continentes para conseguir suas presas. África foi o seu batismo de fogo, e em algumas décadas já pertencia às listas dos mais importantes em sua atividade.

Em 2006, seu destino foi a Argentina. Contatou algumas pessoas – neste mundo sempre alguém tem o telefone de alguém – e pagou-as para prepararem sua chegada e organizarem a logística necessária para procurar o próximo objetivo na região do chaco santiaguense. Nessa terra seca, meio montanha, meio mata, aspirava encontrar a cabeça que completaria, por um breve momento, sua coleção.

O que aconteceu nessa noite entre planícies e espinheirais fica aí, sob a sombra muda, consumido pela imensidão. Por isso, nada impede que de vez em quando um disparo rompa o vazio e, tempos depois, apareça uma pele de onça como tapete em algum lugar elegante no Bairro Norte, por exemplo, ou que o filho de um delegado se fotografe com o celular num galpão imundo, rodeado por uma poça de sangue e com a pele manchada a seu lado. Ainda existem 250 vivas na Argentina. Béla Hidvégi veio para buscar uma delas, matou, foi embora e contou com detalhes sua aventura em matéria de capa de uma luxuosa revista especializada na arte da caça.

Há uma foto que mostra o húngaro orgulhoso, com um diploma que diz: *Capra World Slam*; é o documento que certifica que chegou a caçar trinta espécies diferentes. Na imagem é possível vê-lo junto de outros dois homens. Os três estão de terno.

No fundo, um antílope embalsamado observa.

3

Os besouros estão em outro prédio, fora do enorme monstro que é o Museu de Ciências Naturais. Estão conservados lá para evitar um transbordamento. Ninguém quer imaginar o que aconteceria se ficassem soltos nas salas, pelos corredores, pelas vitrines de madeira onde dormem pássaros embalsamados, ovos de dodô, peles, ossos, asas de borboleta. Antes usavam produtos químicos para preparar os corpos, mas descobriram que os besouros eram mais ecológicos e certeiros.

No fundo do prédio, então, numa espécie de aquário de cristal, os insetos aguardam para fazer seu trabalho diário: recebem com voracidade a chegada do corpo morto de um animal (são muito bons, especialmente com os pequenos). Devoram o bicho até deixar seus ossos limpos, organizados, sem um arranhão sequer que perturbe sua morfologia. Às vezes, inclusive, o esqueleto fica preservado em seu formato original, não desmorona, e aguarda sua próxima estação no trajeto da ciência: as vitrines, os laboratórios, as exposições. Um grupo de ossos impoluto, quase brilhante.

Quando isso acontece, quando a ossada fica preservada e conserva sua forma original vem a magia: é como se um vento ácido tivesse levado (roubado?) a carne.

4

Numa feira de Notting Hill há fósseis uruguaios e argentinos. São vendidos nas barracas como se fossem quinquilharias. *No pictures*, advertem as placas. Claro.

Muitos deles vêm da Patagônia, e por isso aparecem despidos pelo vento. Alguém vende esse fóssil a outra pessoa, que o vende a outra, que cruza a fronteira. Contam que na beira da estrada, em Neuquén, onde termina o asfalto e começa a terra, os fósseis aparecem como pedras, e que é natural. Ninguém se surpreende mais. Poucas coisas causam rebuliço na terra de *Giganotosaurus carolinii*. Esse réptil bestial foi descoberto nos anos 1990 por um petroleiro desocupado que chutava a angústia deserto adentro.

Há um mercado escondido, um mercado de ossos que conhecem os segredos do tempo e são vendidos em dólares ou libras, e são oferecidos sem flashes para colecionadores sedentos.

No pictures, claro. É o que dizem as placas.

5

Na hora da sesta, a menina seguiu a mãe. Tinha saído para buscar as cabras no morro. A menina tinha quatro anos e sem dizer nada a ninguém caminhou, caminhou até se afastar de sua casa, na parada Culampajá, uma zona inóspita de Catamarca, onde o vento sopra limpo e valente na montanha e onde as noites, em meses de maio como este, chegam com nevasca.

A mãe não se deu conta de que a filha a seguia. Ficou sabendo de tudo depois de juntar os animais e guiá-los de volta, quando chegou a casa e estava anoitecendo. Foi aí que viu que todos procuravam desesperadamente por sua filha.

A menina! Onde está a menina? Onde está minha menina, minha meninninha?

Não importa que durante o dia o calor seja como mão apertando o pescoço, um manto que asfixia. O que seria dela, tão pequenininha, na intempérie? A polícia percorreu a zona em lombo de mula. A avó, a mãe, os vizinhos, todos andavam aos gritos na intempérie.

A menina! Onde está a menina? Onde está minha menina, minha meninninha?

Ninguém dormiu por todo esse tempo. As casas continuavam com as portas abertas e certo ar carregado, um murmúrio, entrava e saía por todos os lugares.

A menina! Onde está a menina? Onde está *mi*...?

Na manhã seguinte, uma tia que morava mais distante, embrenhada na montanha, apareceu na aldeia segurando a menina pela mão. Sozinha, a garotinha tinha encontrado o caminho de volta para casa. Passara a noite numa caverna, refugiada no calor de algumas ovelhas desgarradas e outros animais que haviam escolhido o lugar, amontoados, para suportar o frio da madrugada.

Não tinha um arranhão, a menina. Os bichinhos tinham feito dela seu par.

6

Ficam na Terra do Fogo e todos os chamam de "assilvestrados". Fazem parte de um bando grande e furioso. São cachorros que cortaram os laços com os humanos. Rondam a esmo, mas não abanam o rabo para dono nenhum.

Existem reuniões para decidir como detê-los, estudos, documentários. Dizem que ferem e matam o gado e que preferem as ovelhas. Existem fotos... Dizem também que quase nunca matam para comer. Às vezes atacam seres humanos. Uma vez por semana alguém chega ao hospital com uma mordida. Armam cilada. Estão se transformando em outra coisa. Ou vão voltar para algum lugar de que algum dia se afastaram, em um estado inicial, primitivo. Por acaso nos perguntamos quando tudo começou? Quando foi que esses animais que uivavam para a lua e perambulavam em matilha passaram a usar cobertores de tecido polar da cor rosa chiclete, a obedecer a ordens e a participar, inclusive, em concursos de beleza?

As pessoas nos campos saem para caçá-los. Ajudados por outros cachorros. Os que ficaram deste lado. Há uma guerra silenciosa. Existem aqueles que pedem para matá-los com planejamento, como se projeta um monumento, como se faz obra numa praça.

Continuam andando em bando, uma matilha multiforme que poderia se parecer com a de qualquer passeador de cachorros da cidade, mas estão levemente mais desgrenhados, com as patas mais musculosas, com um brilho afiado no olhar.

7

Diz-se que seus pescoços longos não são para comer as folhas mais altas, mas para isto: para o espetáculo que começa quando os corpos afirmam que "está na hora" e procuram apenas uma coisa: que o outro desfaleça em sua emboscada. Assim é a lei das ruas; alguém tem que ganhar, alguém tem que sucumbir.

Elas, chegado o momento, começam com essa estranha coreografia, quase uma dança de libélulas interpretada por girafas. Seus pescoços primeiro se entrelaçam e até poderia parecer um gesto de amor. Se esmeram para formar uma espécie de nó que de repente se desfaz; então pegam um embalo para chocar um pescoço contra o outro. *Plop*. Uma pancada seca, parecida com o som que um tronco caindo produz. *Plop*, no meio da savana. As longas patas musculosas se prendem ao chão para não se desestabilizar na confusão, e *plop*, *plop*, é o pescoço do oponente que ataca de novo. Um enredo febril no meio da nuvem de poeira. Assim brigam as girafas: como galos, em silêncio total.

8

O rato anda em algum lugar, diz. O gato não o procura. Faz barulho, me dá medo, diz. Não consigo dormir, diz.

Do outro lado do telefone, se retrai num canto. As costas curvas, o movimento duro. Está tudo bem, escuta. E o rato, com certeza, passeia pelos armários, entre as roupas velhas, pela roupa de sair, pela roupa que sobrou dele, que não doou: a calça, as camisas quadriculadas, o casaco rasgado, aqueles óculos de lentes grossas que usava para ler. Passeia com suas patas pela memória, nesse rastro que fica dos lugares que deixamos. O passado às vezes é uma teia de aranha e umas unhas invisíveis vão aos poucos desfazendo-a.

O rato é um barulho de sacolas plásticas, na casa solitária, entre as aroeiras e o capinzal. Nem o gato nem a ratoeira servem para conter esse mar que nos engole.

9

Em San Martin de Los Andes, Carolina Arias olha como as mariposas dançam em volta da luz em sua casa na floresta. No outro dia comprova o que sobrou dessa pequena valsa: uma multidão de insetos mortos. Retira todos do chão. Com devoção e delicadeza reúne esse vestígio de asas e as pinta. Acrescenta outros bichos. Faz uma instalação. São centenas de insetos viajando na luz que formam algo. Uma desforra.

Aparecem outros animais mortos na vida da artista: pássaros, lebres, um filhote de cervo. Enxerga neles a beleza. Levanta-os do chão, da beira do caminho, dos cantos da floresta, coloca-os em bolsas e leva-os para casa: raposas, corujas, filhotes de águia. Embalsama-os para acompanhar sua viagem. "Para que não desapareçam", diz.

Lê Rilke: "Pois a beleza não é nada/ senão o princípio do terrível, o que somos apenas capazes/ de suportar".

10

Elli H Radinger trabalhava como advogada em sua Alemanha natal, mas um dia decidiu jogar tudo para o alto[2]. Ela se candidatou para o emprego que sempre tinha sonhado e viajou para Yellowstone, Estados Unidos. Pediu para ser assistente dos biólogos que estudam os lobos. O que teria que fazer? Observá-los e tomar notas. Sua nova vida se baseou nisso.

Em todas as temporadas que passou nesse parque, Elli H Radinger viu muitas coisas. E aprendeu, também: que os coiotes nunca levantam o rabo tão alto como os lobos, que os bisões caminham devagar e atravessam desafiadores na frente dos carros dos turistas, que um cervo sadio e forte eleva a cabeça e a inclina levemente para trás, que não há nada no mundo que se pareça com olhar esse parque à noite enquanto a aurora boreal resplandece no céu.

Escreveu um livro para contar: *A sabedoria dos lobos*, no qual narra seus dias ali e as crenças populares ao redor da figura desses animais, e as similaridades que mantêm com o comportamento humano. Para ela, os lobos são mais parecidos conosco que os macacos. Tem fotos belíssimas e é quase possível sentir o cintilar da neve de manhã. Uma certeza se impõe: pelo menos uma vez na vida é preciso fazer uma observação dos lobos nesse lugar.

---

2 N. da T.: No original, "un día decidió quemar las naves". A expressão "quemar las naves" é referência ao que teria dito o conquistador espanhol Hernán Cortés ao chegar ao México, no século XVI, para indicar a seus comandados que não havia volta.

E, além da beleza, os lobos têm o canto: vinte e um uivos diferentes. São dialetos. Cada lobo, um tom diferente. Estudaram todos em 2013. Aldo Leopold, um ambientalista norte-americano que viveu em meados do século passado, dizia: "Só a montanha viveu o suficiente para poder interpretar de modo certeiro o uivo dos lobos".

Não sabemos o que dizem, mas vão juntos, como um raio azul rachando o manto branco da noite.

11

Uma vez escutei o rugido de um leão a poucos metros. Foi no Parque Independência de Bahía Blanca. Escutei? Sim, sim. Era um lugar onde havia leões. Saíamos do povoado para a cidade todos os meses para ajustarem meu aparelho ortodôntico. Passávamos por ali. Uma vez estacionamos o Citröen branco e descemos. Andamos pelo lugar e, pouco tempo depois de nos perdermos por seus caminhos, o rugido surgiu como se as placas da terra contassem mentiras. O que chega até nós é, antes de tudo, uma sensação. A irrupção de um buraco negro que absorve tudo.

Sempre pensei que esse seria o som de animal mais potente que escutaria, mas hoje conheci outro: o ganido de um bugio. É como se uma alcateia enlouquecida gritasse por uma única boca. Uma ruptura estranha no silêncio cercado de verde. Seu grito pode ser escutado num raio de até 16 quilômetros, nos contava com entusiasmo a jovem voluntária que aprendera a lição e recitava como se lesse em fichas isso que repetia para cada turista que se animava a visitar o lugar. Tinha escolhido passar ali, naquelas montanhas, naquela reserva, suas férias. Era uma menina radiante e baixinha que deixara a cidade para passar alguns meses nesse refúgio, ajudar os animais e, além disso, salvar seu verão.

Um tempo antes, tinha chegado de sua própria cidade uma porca que dormia debaixo de uma árvore. Enorme e sem ter um chiqueiro, passeava como mais um cachorro em meio a tantos que andavam perdidos entre os pinheiros. A porca fora resgatada de um churrasco de fim de ano por um casal que gerou adrenalina nas festas com uma espécie de ataque que incluiu entrar no pátio vizinho, soltar a então leitoazinha da corda que a prendia e levá-la para casa até decidirem o que fazer com ela. Durante um tempo, ficou no pátio, mas cresceu e a saída mais viável foi mandá-la para as montanhas, para esse refúgio. E agora ali estava a porca, com os olhos semicerrados, olhando os dias passarem. Porcos também gritam alto, é verdade. Uma amiga dizia que era possível saber quando era Natal num povoado porque dava para escutar seus gritos desesperados em todos os lugares minutos antes de serem espetados.

Mas os bugios gritam mais alto. Especialmente quando estão nas jaulas cobertas onde passam os primeiros dias de recém-chegados, depois de serem resgatados de alguma casa onde os tratavam como cachorros, filhotes esquisitos, escravos. Uma vez que termina essa etapa de primeira adaptação, os macacos divididos em grupos começam a andar livres: macho alfa, machos que crescem e em algum momento vão brigar pela liderança, e fêmeas que dão cria em comunidade, com filhotes grudados nas tetas que não soltam nem quando elas trepam na parte mais alta dos pinheiros.

Ao lugar se chega depois de subir uma montanha com trilhas caprichosas, que deixam ver, nas laterais, cavalos, borboletas e cardos. Chamam o lugar de “centro de reeducação”. Ensinam os animais a voltarem a ser selvagens. Talvez todos nós tenhamos algo dessa chama escondida em algum lugar recôndito dentro de nós.

12

Eu o encontrei numa clareira no caminho. O bicho brilhava e dava para ver da minha altura, que não é muita, mas o suficiente em comparação a ele. Era um besouro verde-metálico que resplandecia sob o sol. Vimos muitos bichos ao longo desses dias na montanha: corós de todas as cores, borboletas grandes, pequenas, mais e menos bonitas, algumas lagartixas, bugios... mas é melhor que voltemos a este, o de um verde encantador: eu me agachei e fiquei um tempo contemplando-o.

Lutava com todas suas energias contra algo redondo, uma bola. Às vezes conseguia levá-la mais facilmente e então a empurrava e progredia. Às vezes travava e então era como se batesse contra uma parede. A própria vida. Estava alheio, o bichinho, à sexta extinção de espécies que está em processo; alheio também à humana que o olhava.

Agora entendo que a bola era feita da bosta de outros animais, que se tratava de um besouro rola-bosta. Leio, também, que esses animais eram sagrados para os egípcios, que acreditavam que eles se reproduziam entre os machos, autogerados com o sêmen descarregado sobre a bola de esterco.

Procurei por dias uma malaquita para trazer. Não consegui. Havia muitas pedras falsas, com as cores feitas em armazéns, sabe-se lá onde. Além disso, nenhum verde era tão lindo como o desse besouro concentrado em avançar com sua bola de merda.

13

É a cobra mais dócil. Seis metros e noventa quilos de uma docilidade que, quando se acaba, se transforma em morte. Seus modos são calmos, têm a qualidade dos bons silêncios, até que chega o momento certo — o corpo dos animais sempre o reconhece — e abraça até quebrar os ossos, até deixar sua presa submetida. Em seguida, digere com paciência.

A píton birmanesa entrou no estado da Flórida como um animal de estimação. Dama da companhia de excêntricos ou solitários. Silenciosa, elegante, uma joia que respira. Com o passar do tempo, muitas delas seguiram um caminho similar: colonizaram os pântanos. Muitas cresceram e cresceram até que as casas não davam mais conta delas e foram soltas no Parque, em segredo, de mansinho, como quem joga o lixo fora depois da hora. Outras, ao contrário, foram espalhadas pelo vento, pelas mãos furiosas das tempestades que atingem a zona e rompem barreiras. De qualquer forma, invadiram o verde, moraram ali, tiveram filhotes e desafiaram o rei do lugar, o crocodilo-americano, o predador mais temido dessa área. Foi King Kong contra Godzilla, e o fim da luta ficou em aberto. A confusão chegou com o tempo e tentaram exterminar as malditas estrangeiras.

Houve várias tentativas de caçá-las: usaram desde cachorros treinados até feromônios produzidos e vendidos como elixir mágico que um mascate levava de povoado em povoado, dessa vez em busca de uma revolução passional que a conduzisse à armadilha. Não faltou quem quisesse provar sua valentia em alguma noite de álcool e calor, metendo-se em cantos escuros à procura dessa ameaça secreta.

No entanto, o método mais eficiente veio pelas mãos de um vendedor de orquídeas; Crum era seu nome. Na verdade não se sabe muito bem o que aconteceu, mas o certo é que os vendedores dessas flores sabem coisas que o resto do mundo ignora.

Houve outros também que aplicaram técnicas mais extremas. Os membros do povo Gbaya, de Camarões, por exemplo, não são adeptos de saídas fáceis. Eles fazem outra coisa: escolhem um dos integrantes como isca, esfregam sua perna com uma mistura de algo pegajoso, e o corajoso — ou condenado, vai saber — deve introduzi-la numa caverna estreita, um buraco na terra, e esperar até que apareça a píton e a engula até chegar com seu impulso até o joelho. Então, como se fosse um peixe puxado pelo anzol, a cobra é conduzida à superfície por uma fila de homens que arrancam a isca com um puxão. Do lado de fora, o resto do grupo espera para dar o golpe final.

De qualquer maneira, nos Everglades não escolhem esta opção nem encontraram a resposta certa, então algumas vezes as cobras aparecem nas casas, nos porões, ou comem o gado. São bocas que irrompem do nada e dilaceram a cidade.

14

Olhei para o chão enquanto enchia o balde para levar água para a égua. Era verão. Ela esperava do outro lado do arame farpado. No chão, perto da torneira do pátio, vi que algo se mexia na terra quente: era um escaravelho-rinoceronte que as formigas atacavam. Pensei que ainda não estava morto e que por isso mexia as patas enquanto as formigas vermelhas subiam por todos os lados. Parecia o ataque de uma horda de zumbis sobre a carne fresca. De todo jeito, olhei bem, e na verdade o escaravelho estava morto. Eram as formigas que lhe mexiam as patas, como se ele fosse uma marionete sacudida pelo ritmo de um cancã.

15

Sim. Já vi animais morrerem. Já vi galinhas sem cabeça pularem e senti o cheiro das penas chamuscadas; escutei os gritos dos leitões sendo mortos e vi cordeiros terem o mesmo destino, mas mergulhados em discrição, quase como se renunciassem a um último som. Quando era criança, acompanhei algumas vezes meu pai na caça a perdizes e martinetas e desfrutei o silencio, a espera...

Já vi animais morrerem e via isso com naturalidade, mas hoje, na geladeira do açougueiro, vi um coelho sem pele, sem orelhas, com os olhos que pela estatística teriam sido laranja e agora eram de um azul gelatinoso, tão parecido com nada ou com qualquer outro animal, ali sobre algum corte de fraldinha ou de coxão mole. E não sei se foi tudo isso, ou sua língua de fora, ou o quê, mas acho que essa imagem vai ficar no banco dos pesadelos para sempre, pronta para ser usada.

16

Em 1922, no zoológico de Buenos Aires, mandaram fuzilar um elefante. Há alguns dias eu repito uma história que li no Museu de Ciências Naturais do Parque Centenário. Um quadro com uma foto em preto e branco e um nome: Dahlia. Poucas linhas capturaram a essência de algo que me chamou a atenção. Fomos ao museu no primeiro dia de férias do meu filho, como em todos os anos, em meio ao calor esmagador de dezembro em Buenos Aires. Visitamos correndo, porque ele queria passar dos dinossauros aos animais selvagens embalsamados, mas no caminho eu li por cima a história de Dahlia, a elefanta que chegara da Índia e tinha temperamento forte.

Uma vez tive que escrever sobre o procedimento para dar banho num elefante e vi um deles ficar irritado. Eu estava recém-parida e era uma das minhas primeiras viagens para fora da cidade sem meu filho. Chegamos a um zoológico molambento que tinha concordado em nos mostrar como davam banho — simulavam — nos dois animais que tinham. Depois de um tempo em que ficaram molhando os elefantes com mangueiras, um dos animais encarou um Fiat Spazio que entrou por engano na área em que os paquidermes andavam sem nenhum isolamento fora uns troncos que delimitavam o terreno. Dão medo, claro. Uma massa enorme que de repente faz o chão vibrar.

Achei que li que Dahlia tinha se salvado naqueles anos e assim contei para várias pessoas, porque tinha ficado fascinada com a história, mas parece que não, que Holmberg, que foi o diretor do zoológico no começo do século XX, tinha mandado matá-la por suas tentativas seguidas de fugir do lugar. Os funcionários cumpriram a ordem: ficaram mais de uma hora disparando contra a pobre Dahlia. Ao finalizar o trabalho, um dos verdugos contou: "Quando finalmente caiu, ela o fez com estilo, dobrando as patas, ajoelhando-se, sem tombar o corpo. E ficou assim, como se estivesse em atitude de repouso, em frente ao pavilhão indígena, entre os rugidos das feras, a algazarra dos pássaros e a gritaria dos macacos, que pulavam e aplaudiam dentro da jaula, porque tinha terminado o espetáculo: a caçada improvisada em plena cidade".

Essa "algazarra dos pássaros" é breve, mas intensa. São aves à beira da loucura que improvisam um réquiem histérico que ainda é possível escutar no lugar que hoje chamam de Ecoparque, onde antes funcionou o zoológico da cidade. Ainda respondem, cada vez que os dois elefantes que continuam passando seus dias entre as grades dão esse uivo que soa como um golpe que rasga a pacífica centelha de um domingo qualquer. Esse uivo nos faz lembrar que ali, entre seus ossos, está guardada a memória da manada.

17

Sudão era o último macho de sua espécie: um rinoceronte-branco-do-norte. Tinha o nome do lugar onde nasceu. Por muitos anos o mantiveram numa reserva no Quênia, vigiado por militares vinte e quatro horas por dia. Tão feroz assim foi sua humilhação. Dizem que Sudão morreu de velho e foi indo como uma flor seca: a pele se esvai, os músculos são vencidos. Terminaram por fazer-lhe a eutanásia. O que terão sentido os que fizeram os preparativos finais para dar fim ao último elo de uma espécie?

Ficam também duas fêmeas vivas, mas em cativeiro. Fazia anos que todos eles apenas perduravam em troca de perder a liberdade. O que sobrevive da espécie agora chega pelas mãos dos laboratórios que guardaram esperma e óvulos. Um segundo tempo para os de seu tipo.

18

Hoje de manhã eu amaldiçoava as baratas e lembrei o que um dos dedetizadores que passaram pela minha casa nos últimos tempos me contou. Foram vários, sempre diferentes, então não lembro qual foi. Acho que tinha um bigode enorme e o rosto ossudo, uma espécie de tarso com pelos. Dessa vez mostrei a cafeteira elétrica e disse que se escondiam ali. Ele me disse que gostam de comer fios e me contou a história da senhora chique da Avenida Libertador.

Parece que ela importou uma geladeira grande, prateada, de quatro portas. "Fazia de tudo com o painel", disse o dedetizador. Não sei como deve ser uma geladeira que faz de tudo, mas isso também não importa...

Um dia, o aparelho começou a falhar, e a senhora chique levou sua geladeira chique à autorizada. Tinha acontecido o pior (para uma geladeira, claro). Parece que, segundo o dedetizador, quando trouxeram a geladeira da China – acho que ele falou China –, veio clandestinamente uma barata escondida no painel e se reproduziu. Outras, por sua vez, também se reproduziram e o painel acabou sendo devorado pela bicharada. Foi o fim da geladeira chique.

A história me impressionou. De alguma forma era a versão Whirpool de *O travesseiro de penas*[3].

3 Conto de Horácio Quiroga.

19

Gostava de *Novo mundo selvagem*, de Lorne Greene: a maneira de narrar a vida do animal da vez. Eram os anos 1980, a televisão de tubo trazia esse mundo que existia para além da estrada, complementado por Lorne Greene, que contava sobre ele. A marmota, por exemplo, que aparecia quando a neve começava a derreter, quando nasciam as primeiras flores da temporada, e aparecia de dentro da caverna com seus filhotes. Algo similar com os ursos, que deixavam suas pegadas na neve que se despedia, no fim do inverno, junto aos brotos que, como eles, começavam a despertar. Essa ideia do animal conectado com o ciclo, com o clima... e a voz na tela que dava dramaticidade a algo de que os animais não se davam conta...

O calor chega agora à cidade e saímos de nossas cavernas, e temos nossos filhotes... e os levamos para ver o sol... Em carrinhos que vão para as pracinhas, procurando algo de verde. Como o urso que segue a corrente.

O que Lorne Greene diria? Como contaria nossas histórias? Chegamos em dezembro e começamos a fazer as mesmas coisas de cada dezembro, andamos sem saber na mesma engrenagem do ciclo.

20

Outro dia dava para ouvir umas pancadas em casa. Vinham do abajur. Fui dar uma olhada e era um percevejo que batia insistentemente contra o tecido da cúpula. Não lembro qual era o cheiro dos percevejos quando esmagados, mas sabia que era fedorento, e por isso não tentei matá-lo, mas tratei de prendê-lo com um papel para tirá-lo de lá. O negócio é que fugiu. Durante dois dias estive com a sensação de que a qualquer momento o inseto poderia caminhar por nossa cara, enquanto dormíamos.

Pensei que vinham com a lenha, mas parece que não. Existem percevejos urbanos.

Dois dias se passaram e eu me esqueci dele até que uma manhã, enquanto falava ao telefone, e olhava a mesa sem ver, notei que algo caminhava muito lentamente sobre o estegossauro de borracha que descansava ali. Era ele. Caminhava sigiloso ou insolente – não cheguei a formar opinião sobre essa lenta caminhada. Com uma das mãos, enquanto continuava falando ao telefone, eu o cobri com um guardanapo. Quando terminei, abri a janela, tirei o papel e o deixei ir.

Ainda não consigo me lembrar desse cheiro tão terrível, mas não tem importância. Me livrei dele.

21

Os dois, José e Liso, tinham passado anos na estrada, de povoado em povoado, trabalhando no circo. Os leões tinham sido amansados à força: dentes quebrados, garras arrancadas. Uma maneira brusca mas efetiva de transformá-los em pelúcia. Famintos e vencidos, cada vez que chegava sua hora faziam o show e andavam meio curvados em torno de uma jaula que também não tinha muita razão de ser porque nem força para escapar tinham. "Fraco como leão de circo", deveria dizer algum ditado.

Desde que alguém caçou os dois na África até os anos de companhia viajante, a vida para eles tinha sido essa, mas alguém, uma vez, numa operação de resgate, tirou os dois de lá. Eram tempos de libertação para grandes felinos no Peru e na Colômbia, e para eles, um dia, esse novo tempo chegou. Passaram alguns anos num refúgio para reabilitação: começaram a comer melhor, ganhavam abóboras para despedaçar, recebiam carinho. Pouco a pouco, eles, que tinham se transformado em bichinhos de pelúcia, reviviam como gatos grandes brincando no pátio. As pessoas do refúgio entendiam que a terra prometida era a África. A volta para a savana. De forma que organizaram tudo, e a mudança finalmente aconteceu. Próximo destino, sua terra natal, a de seus ancestrais. Juntaram-se a outros trinta e três dos seus que tinham levado vidas similares.

Tudo parecia ir bem; os leões faziam o que fazem todos os leões na savana: ver passar as horas com o olhar perdido no horizonte, até que um dia a sorte voltou a dar uma virada.

Não se sabe muito bem o que aconteceu; alguns falam em tráfico de ossos, de rituais; outros explicam que foi pela voracidade da caça e nada mais. A verdade é que os corpos de José e Liso apareceram uma manhã sobre a terra ressecada, decapitados, com as patas fraturadas, transformados novamente em bonecos, mas desta vez quebrados. Pedacinhos de algo que poderia ser destino, ironia ou insensatez, inclusive para a vida de um leão. Ou dois.

22

Depois do disparo, o cervo aguardou estendido na grama. Thomas Alexander se aproximou para comprovar depois de deixar passar, no mínimo, a meia hora que se recomenda nesses lugares.

Era uma terça-feira e o tempo avançava impassível nas montanhas Ozark, perto de Yellville, Arkansas, no sul dos Estados Unidos. Não está comprovado isso da meia hora de espera, mas Alexander, que tinha 66 anos e era um caçador experiente, devia saber. Em 2016, num condado vizinho, um caçador recebera uma chifrada na perna por não esperar o suficiente para se aproximar do seu "troféu".

Alexander se aproximou da presa, tal como havia feito tantas outras vezes, e foi quando aconteceu tudo. Ninguém sabe muitos detalhes, porque ele ligou para apenas um familiar para pedir ajuda, mas o cervo o espetou tantas vezes com os chifres que o caçador não conseguiu chegar ao hospital. Morreu no caminho. Embora tenham mandado cachorros para rastreá-lo, não encontraram o animal. Alguns jornais falam em vingança.

E se o cervo fosse o mesmo de 2016? Ano após ano, escolhe um caçador, simula estar morto e em seguida, no momento certo, faz sua revanche.

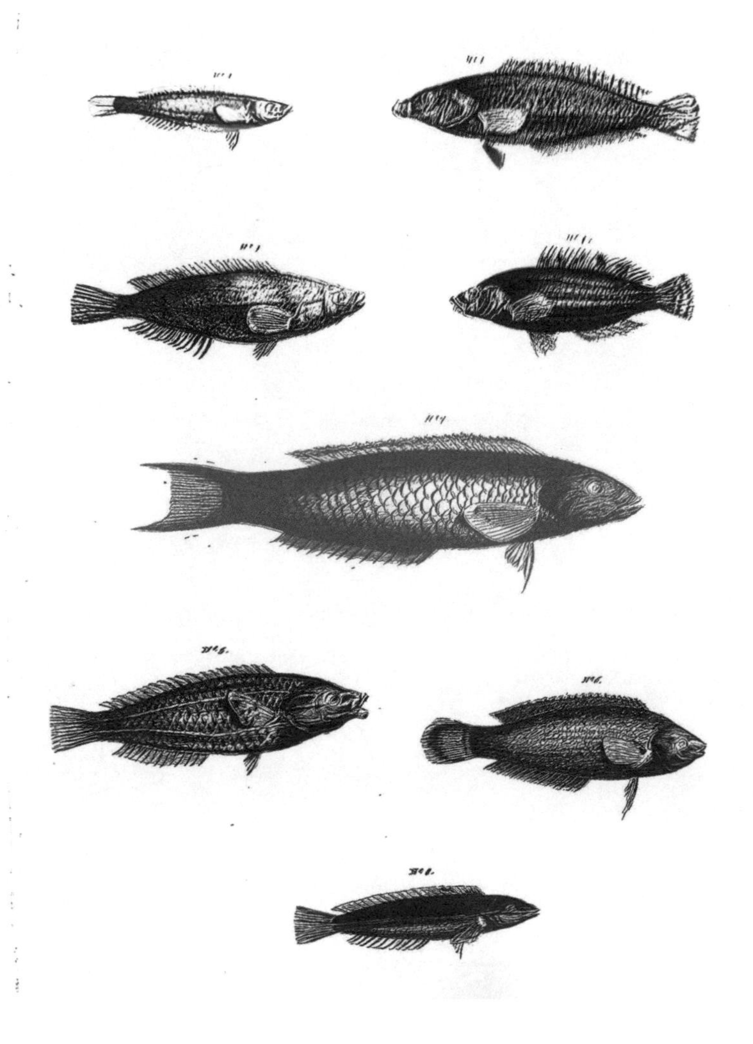

Água

1

Se chama Wadi Al-Hitan. É o vale das baleias no Egito, a duzentos quilômetros do Cairo. Uma zona desértica que guarda fósseis dos antepassados dos cetáceos atuais. Esqueletos enormes que mostram a evolução: baleias que ainda não haviam perdido suas patas. Espinhaços que nos falam de um universo marinho que mudou.

Entre esses fósseis é possível ver o do basilossauro, um gigante que tinha características de ambos, marinho e terrestre, e que, alguns garantem, se movia horizontalmente. Podia medir até 18 metros de comprimento.

Ossos desse tipo costumavam aparecer também em Louisiana. Eram tão comuns uma época que as pessoas faziam móveis com eles sem saber que se tratava de restos de um titã marinho.

No Egito encontraram todos os ossos de um basilossauro. Todos. Os pesquisadores os reuniram, pegaram cada um deles e os montaram como um quebra-cabeça, peça por peça, durante 15 meses. Ao terminarem a tarefa, ali estava o gigante, que até então dormira espalhado pelo deserto.

Um detalhe chamou a atenção de todos: na zona onde se localizava o estômago, os cientistas encontraram algo inesperado: dezenas de presas de tubarões que, comparados com seu tamanho, pareciam apenas dentinhos brancos de um filhote de gato.

Os ossos contam histórias, isso já sabemos. Às vezes nos lembram que a mudança é lenta, que a água pode ser deserto, que o tubarão, que hoje assusta, um tempo atrás foi para esses gigantes apenas um pequeno peixe.

2

Em 2014, um homem de 32 anos desceu ao rio Tárcoles, na Costa Rica, para tomar banho. O Tárcoles é um dos rios mais contaminados da América Central. É, também, um dos lugares mais povoados por crocodilos no mundo inteiro. O homem era da Nicarágua e estava na região para trabalhar na construção de um hospital. Um dos moradores o avisou para que tivesse cuidado, que os crocodilos rondavam por ali. Não deu importância. De repente, a água se transformou num agitado poço do Inferno e vinte crocodilos destroçaram o homem em poucos minutos. Segundo se afirma, nessas águas convivem vinte e cinco crocodilos por quilômetro quadrado.

Nesse mesmo lugar, no dia 5 de junho de 2018, Jeffrey Arguedas tirou uma foto que ganhou um concurso. Era uma borboleta na mandíbula de um crocodilo macho. Se alguém está no lugar certo e na hora certa, também pode conseguir outras imagens desse teor. Se seu destino é outro, a história é a do começo, a do jovem daquela manhã de 2014 que ignorou uma advertência.

3

A mãe lhe ensinou a dança. O pai lhe ensinou a pesca submarina (se trata de submergir na água e caçar peixes com um arpão). Moravam numa ilha próxima a Madagascar, de forma que a água fazia parte de seus dias; talvez por isso a apneia foi fácil para ela: interromper a respiração nas profundezas, movimentar-se como mais uma criatura marinha, um ser estranho, com movimentos que respondem a uma força desconhecida.

Misturou legados. Fez progressos. Em 2009 já a destacavam como "uma das dez melhores apneístas do mar". Mergulhava ao lado de um cabo sem tocá-lo. Tinha 18 anos. Boa aluna, participou em 2005 de um projeto chamado *Ashes and Snow*: basicamente consistia em viajar pelo mundo dançando nas profundezas com baleias, tubarões, tartarugas marinhas e muito mais. Também se animava a lançar-se a um dos abismos mais profundos do mundo, nas Bahamas: o Buraco Azul de Dean. A garota se chama Julie Gautier. É bailarina, cineasta, apneísta, pescadora. Seu último filme se chama *Ama* e é mudo. Sobre o filme, afirmou: "Queria compartilhar a maior dor que tive na vida, mas, para que não ficasse muito crua, a cobri com graça. E, para que não ficasse muito intensa, a submergi na água".

Ali embaixo, onde as fronteiras se diluem.

4

Na gelada Belushya Guba, Rússia, moram menos de três mil pessoas. Há alguns anos, as vidas a *sotto voce* dos habitantes se viram alteradas. Era um dia de dezembro quando eles apareceram, e tudo foi um pequeno caos: cinquenta e dois ursos polares invadiram suas ruas, remexeram famintos o lixo, apareceram na escada da entrada das casas e enfrentaram os cachorros. Entravam nos quintais, tentavam penetrar nas casas pelas portas, pelas janelas. Procuravam comida, essa que desaparece com o gelo que derrete cada vez mais. É proibido caçá-los. Afastá-los com carros não deu resultado. Então os habitantes de Belushya Guba esperaram. E enquanto alimentavam a espera, observavam esses enormes peludos indo e vindo de lá pra cá.

Todos parados no tempo.

5

Uma baleia-jubarte aparece na selva amazônica.

Um peixe-lua é registrado pela primeira vez no hemisfério norte, em Santa Bárbara. Em Cantão, um estranho ser assusta as pessoas na praia. Depois de alguns dias de pânico, descobrem que se trata de uma espécie estadunidense chamada peixe-lagarto, que de alguma maneira nadou mais e mais até chegar à China.

O fundo do mar é escuro e guarda segredos.

Basta imaginar o que acontece ali, naquela zona conhecida como abissal, a quatro mil metros de profundidade, mais além, a poucos centímetros da sombra do mundo.

6

O que chamam de “mar profundo” começa quando se ultrapassam os 200 metros água abaixo. Há muita pressão, uma baba de luz, faz frio. Em 1960, um suíço e um norte-americano tinham chegado aonde ninguém nunca chegou antes, ao alcançarem quase 11 mil metros na parte mais recôndita do mundo: a Fossa das Marianas.

James Cameron também fez uma boa expedição em 2012, e nesse mesmo lugar, mas neste ano, uma equipe de cientistas bateu o recorde e foi um pouco mais abaixo: até a Depressão Challenger, o ponto mais inescrutável da fossa. Foi Vescovo quem comandou a façanha. Descobriram quatro espécies aquáticas. Sabe-se que nessas paragens existem peixes-voadores, tubarões-fantasmas, medusas. Sabe-se que desta vez viram caramujos rosa e baratas-do-mar. E no fundo misterioso encontraram algo mais, algo que chegou ali depois de uma longa trajetória: uma bolsa de plástico.

7

Março de 1800. Los Llanos, Amazonas.

Os olhos dos trinta cavalos saltam das órbitas, diabólicos. A certa distância, com roupas claras e extravagantes para a paisagem que arde entre poeira e vegetação, o europeu olha para eles em êxtase. Um brilho surpreende a paisagem: é o de quem tem uma ideia. O plano parece funcionar. A água que os cavalos pisam se transforma num caldeirão violento. As patas dos animais sobem e descem, não conseguem se salvar, mal tocam a lama no fundo, voltam a subir. Não conseguem vê-la, mas ali, quando se apoiam, está a ameaça. Suas veias quase explodem. Não há como escapar.

Na margem, os moradores seguem as instruções de Alexander von Humboldt, que chegou a Calabozo, esse povoado de mineração na época do Vice-Reinado, para provar alguma coisa. Os homens arrastaram os cavalos a essa armadilha de água para virarem a presa perfeita das enguias, que imediatamente vieram mostrar a força de sua descarga elétrica. Humboldt anota. Olha e escreve com fanatismo diante do olhar entre descrente e espantado dos demais.

Quando as descargas cedem, os cavalos caem desfalecidos. As enguias também se cansam, perdem sua potência. É aí que chega seu momento: o europeu pode finalmente espetar o arpão nesses corpos já sem capacidade de ataque e removê-los para realizar estudos longe do perigo.

As gravuras que mostram a cena foram publicadas em 1874 e têm um dramatismo bíblico, embora bem pudessem representar uma carta de tarô. É possível ver nativos em tangas, enguias que aparecem pelos cantos – até dá para adivinhar um sorriso nelas –, cavalos com os olhos quase fora da órbita, como querendo fugir desse lugar do qual o resto do corpo já não pode escapar. Uma lenda em forma de ilustração que os naturalistas, os biólogos, os que estudam o assunto, passaram no boca a boca sem dar a ela muito crédito. Um boca a boca, de papel em papel, que se tornou mito, história esquecida num canto; uma ilustração bela e improvável, como pode ser a de um dragão com cavaleiro ou um pote de ouro no fim do arco-íris. É que só podia se tratar, diziam muitos, de fantasia exultante desse naturalista que via beleza no caos. Ninguém acreditava que as enguias atacaram e até saíram da água.

Mas as ideias não morrem. Talvez flutuem numa dimensão invisível até que encontrem uma mente que saiba decifrá-las. E lá estava Kenneth Catania, no século XX: um biólogo magrinho, um pouco pálido e bem penteado do departamento de ciências da Universidade de Vanderbilt, no Tennessee, Estados Unidos. Um desses tantos que duvidavam, embora deixasse um lugar para o *talvez*. Em seu gabinete de estudos, nesse campus de tijolos aparentes, pesquisou para descobrir mais. Construiu um tanque em seu laboratório, colocou nele várias enguias elétricas e começou a observar.

Sempre pensou que o impressionante do relato de Humboldt, o que parecia estranho, era a ação delas, isso de pular e atacar em vez de fugir. Manteve por anos essa ideia, que às vezes o incomodava em lugares impensados, nem sempre no trabalho, às vezes quando cozinhava uma carne num domingo ensolarado, às vezes quando tomava banho. E um dia, no transporte de um grupo de enguias para outro compartimento, aconteceu uma coisa: viu como uma delas atacava a rede que ia transportá-la. Não tentava fugir. Ia direto ao ponto. Enfrentava.

Costumam chamar de *serendipidade*: esse instante acidental da descoberta do conhecimento buscado. Essa centelha. Catania olhou a cena da enguia, a rede, a descarga, e começou a entender tudo. Notou que também atacavam mais duramente fora da água, porque a energia não se dilui no líquido e vai direto para a presa. Para desenvolver mais esse pensamento, usou um crocodilo de plástico. Saiu buscando com ansiedade, com o mesmo brilho nos olhos que Humboldt tinha. Foi a uma loja de bugigangas e comprou um crocodilo de brinquedo. Colocou um sistema de luzes de led dentro dele e montou o que parecia uma espécie de títere vindo da China num contêiner, um brinquedo de dois dólares desses que vendem nas ruas de Nova Orleans, onde abundam os pântanos, ou em qualquer outro buraco de quinquilharias no mundo. O crocodilo de mentira foi seu potro selvagem entregue à emboscada.

Agora não houve uma ilustração detalhada. Houve, sim, uma série de fotos: nelas é possível ver como a enguia ataca o títere e como, cada vez que faz sua descarga, as luzes de led se acendem. É um ataque pausado, quase uma coreografia: a enguia desliza sobre o títere com suavidade, com a moderação de quem sabe o que faz. Aí, cada vez que avança, deixa sua descarga. Notamos isso porque o crocodilo acende com frequência, com a intermitência das luzes de Natal.

Catania não fica satisfeito e quer mais: coloca o próprio braço. Inclusive se grava e publica na internet em *slow motion*. Mostra como aguarda com o antebraço no aquário o ataque de uma enguia pequena. Ela, então, sobe e desce, se esfrega em seu corpo fingindo ser um gato dengoso. Em cada carícia deixa uma descarga. O biólogo hesita em chamar um colega, aparecer no corredor e gritar aos que estão perdidos em seus próprios labirintos mentais, ou até convocar sua mulher, como das outras vezes. Senta-se em frente ao computador, entre papéis e uma xícara, sob a luz branca e artificial. Apoia os dedos do braço ainda úmido no teclado e escreve: "São muito mais sofisticadas do que poderíamos ter imaginado", diante de uma tela que completa com seu brilho aquilo que Humboldt anotava no Amazonas. Porque às vezes as histórias são coletivas, um bastão que passamos, para que alguém, em outro tempo possível do qual não sabemos nada, termine de contar.

8

Ficou conhecido como o “Mestre de marionetes dos Estados Unidos”.

Na verdade, Tony Sarg era da Guatemala e a rigor também não foi manipulador de marionetes. Ilustrador e fabricante de títeres, isso sim. Fez desenhos para revistas, mas em seguida levou seus desenhos a outro nível: dedicou-se a criar balões gigantes. Criou um sapo monstruoso que sobrevoou a Quinta Avenida e outras figuras para a loja Macy’s. Os bonequinhos eram desajeitados, tristes, mas tão bonitos.

Em Nuntucket (uma ilha perto de Massachusetts), teve uma loja de curiosidades: a Tony Sarg’s Curiosity Shop. Em 1937, a polícia da ilha começou a receber certas denúncias sobre a aparição de pegadas estranhas na costa. Alguns afirmavam absolutamente convencidos ter visto um monstro marinho na linha do horizonte. Há toda uma tradição sobre esse tipo de avistamento no lugar. Nuntucket começou a aparecer nos destaques dos jornais nacionais. Finalmente, a cobra apareceu na costa de South Beach, gigante, sim, mas muito leve. Tudo tinha sido uma jogada de Tony para dar mídia a sua loja. A foto é desse dia.

Como tantos outros tipos excêntricos, Sarg acabou falido. Morreu em 1939.

9

Atravessaram o oceano. Desde que apareceram em minha varanda e eu soube das notícias da invasão, não pude deixar de pensar nelas. Ou, sim, eu me esqueço, mas elas ficam em algum lugar, meio que andando com essa dissimulação com que nos espreitam os pesadelos.

Ontem, quando andávamos pela rua, meu filho me apontou uma. A lagartixa era pequenina. Contra o paredão, no escuro, era como um desenho, algo sem corpo. Achatada, quase um esboço. Quando nos aproximamos, desapareceu. Agora, da janela, vejo a trepadeira da vizinha, que começa a ficar amarela nessa época. Imagino que se escondem ali, e em todas as trepadeiras da cidade. Não as vemos, mas estão lá.

Quando vejo um sapo, grito. Sim, é coisa de mulher que vê um rato e sobe na cadeira, mas não posso evitar. Acho que existe algo nesse silêncio com que eles se movem que me espanta. Com elas acontece algo parecido. Só nos damos conta daquelas que vemos, as descuidadas, mas quantas são as que não vemos?

Lagartixas escondidas como pensamentos que queremos afugentar.

10

A água evapora nos campos ou é reabsorvida. De qualquer forma, ainda sobram lagoas ao longo da estrada. Plantas aquáticas cresceram, carpetes avermelhados que parecem pintados por Fader. E há patos, tantos patos... Mais patos que pombas. Mais patos que vacas. E garças, e cegonhas, e uns passarões pouco agraciados pela natureza, que pousam sozinhos no meio dos charcos. Não é mais tudo marrom ou verde, como antes da inundação. Há água, reflexos, e esses milhares de aves que viraram as rainhas da planície.

Perto do rio Salado, uns alugam botes para entrar nas lagoas formadas pelas chuvas, no meio do capim rabo-de-cavalo que aparece por conta da água. É possível ver algumas dessas pessoas de longe. Adivinham-se suas formas, com as varas de pescar na expectativa. Apesar de toda essa grande umidade, a água evaporou bastante. E então eu penso nos peixes. Porque quando aconteceu a inundação, em algumas cercas se viam vários homens com o equipamento de pesca, eles, como passarões desengonçados, com suas botas de borracha atoladas no barro, até chegar a um lugar improvisado para jogar o anzol. Agora que a água baixou, o que os peixes fizeram? Imagino que alguns devem ter ficado sobre a terra, já sem abrir a boca, ressecando ao sol, observados com indiferença pelas vacas.

11

Num dos pântanos de Nova Orleans, o capitão Jack, um sulista sessentão de bochechas avermelhadas que dirigia a lancha com uma das mãos, nos dizia que os crocodilos aparecem na superfície quando a temperatura do ar é maior que a da água. Eles vão para onde faz mais calor. Essa é a lógica.

Aí estavam, então, os crocodilos imóveis, com os olhos semicerrados, apoiados nos galhos, entre os ciprestes caídos que flutuavam como corpos mortos sobre a água.

12

A caça anual de golfinhos em Taiji, Japão, é tão famosa que até tem seu próprio verbete na Wikipédia. Tão antiga que as velhas tapeçarias a ilustram. Há um documentário que fala sobre: *The Cove*. E movimentos em todos os cantos do planeta para acabar com essa prática.

O sistema se repete mais ou menos da mesma forma todos os anos, de setembro a abril: conduzem um grupo de golfinhos até águas pouco profundas, jogam uma rede neles e em seguida os matam com lanças e facas. Há toda uma técnica, uma maneira de cortar no lugar preciso para depois utilizar a carne como iguaria de exportação, para alimentar leões e, com os que se salvaram do corte, encher aquários excêntricos de gente milionária.

Muitos comparam esta prática com algo que acontece todos os anos nas ilhas Feroe, uma região autônoma da Dinamarca, quando toda a comunidade se aproxima da costa para matar os golfinhos-de-cara-branca, numa tradição que termina com a praia tingida de sangue. Em ambos os casos, aqueles que defendem essa caçada apelam à importância que tem a carne na economia desses povos, à tradição, à história.

"Se matam vacas e ninguém se surpreende, por que se espantam tanto com isso?", disse alguém por aí. Há espinhaços de baleia que algumas comunidades usavam como prato; belos e antigos livros japoneses nos quais essas histórias são narradas, entre eles o *Kojiki*. O assunto se torna mais complexo ou pelo menos adquire outra porosidade.

É claro que essa história não termina aí. Há outros desdobramentos, mas os deixo apenas assim, como pinceladas: lá estão os crânios de baleias que ficaram espalhados pelo Japão depois do tsunami, que apareceram de repente diante dos voluntários que limpavam o lugar; os túmulos e os monumentos que lembram as baleias em alguns cantos do Japão; algumas cerimônias que procuram consolar os espíritos e também limpar a culpa daqueles que as mataram.

Eram os selk'nam que ocupavam o território da Terra do Fogo. Eram eles que usavam o fogo como manifestação festiva e convite para os grupos vizinhos. Atribuíam ao xamã o "afortunado" encalhe da baleia e reservavam para ele a parte mais saborosa, a costela. E não costumavam guardar muita carne, porque confiavam que logo viria, sem dúvida, outro festejo...

Misuzu Kaneko foi uma poeta que contou, em sua época e em apenas cinco cadernos, o mundo do litoral, da pesca, dos mistérios do mar. Entre outros, escreveu um poema em que conta sobre uma celebração na qual um gongo anunciou que haveria carne e óleo e tudo o mais que vem das baleias no final da primavera. Mas o que é festa para os moradores adquire outro sentido para os filhotes no mar, que, a cada batida do sino, sofrem com saudade de seus adultos mortos: "*E o badalar ressoa e ressoa / até os últimos confins do mar*".

13

Costuma acontecer... com os lobos, com os condores. Má fama, podemos dizer. Dizem que ela chegou num camalote. Quando a viram, todos entraram em pânico. Talvez tenha sido pela repercussão de sua parenta, a anaconda-verde. Um sucesso no cinema e três sequências em que era a protagonista foram suficientes para que, ao encontrarem a anaconda-amarela lá em Piedras Blancas, Entre Rios, todos começassem a gritar (sempre com o celular na mão, claro).

Na água mansa do rio ela parece uma fenda, quase como o rastro de uma palavra. Os meninos gritam, as telas que filmam, tremem. A cobra se movimenta em direção à margem. Sobe um pouco na areia, contorna a linha da água. Parece com esses personagens de luta livre que rodam em torno do quadrilátero mostrando os dentes, em busca do olhar dos outros. Mas a anaconda-amarela não procurava isso. Andava à deriva, recém-chegada.

É também chamada na Argentina de *boa coriyú* e pode chegar a quatro metros de comprimento (os machos são um pouco mais curtos). Costumam ficar dentro d'água só com a cabeça para fora. Em terra firme são mais lentas. Vivem em lagoas, terrenos pantanosos, banhados, zonas inundadas. São carnívoras. Têm dentes que só servem para sujeitar as vítimas, porque para matá-las fazem outra coisa: asfixiam. São amarelas, de manchas pretas. Pura elegância. Há um vídeo muito impressionante em que uma delas, no Parque Nacional de Mburucuyá, engole uma raposa devagarinho enquanto outra, sem êxito, tenta detê-la. Leva horas assim, até que tudo se transforma em parte do seu corpo. Em seguida, sim, volta para a água.

No verão, o litoral e os animais perdidos não são um combo feliz. Há alguns anos circulava a imagem do golfinho franciscana que, chegando ao litoral, exausto, tinha terminado de mão em mão como um cálice, enquanto todos tiravam sua *selfie* com a câmera. Na Fundação Mundo Marinho costumam contar que quando aparecem animais na costa, digamos, um elefante-marinho ou uma foca, não falta nunca quem acredite que pode tratá-los como um gato e se aproxima sem cuidados, sem cautela. No vídeo da anaconda, de fato, é possível ver as pernas de um homem adulto e de uma criança que se aproximam dela enquanto os demais gritam da terra firme.

Não é tão raro que apareçam assim, entre os humanos. Há pouco tempo, em Aristóbulo del Valle, em Misiones, na Argentina, um casal tomava mate à sombra quando alguém que passava de carro gritou que tomassem cuidado. Na direção deles, no quintal, se aproximava uma anaconda-amarela de mais de dois metros. Primeiro, em pânico, subiram numa mesa. Em seguida, a mataram. A anaconda-amarela está em risco de extinção. Ajudam a manter a zona livre de ratos, não são perigosas para humanos, mas, como dizíamos, a má fama as precede. Aquela de Piedras Blancas, no entanto, conseguiram salvar.

Ar

1

Na rua, a corrente, o rosário, o santo, a medalhinha. Bugigangas que debulham o pagão. Diante da igreja, um mar de velas que já venceram, derretidas. São poucas as que ainda ardem, e às três da tarde, neste lugar, a luz que sai delas parece embaçada, com um ar adocicado, como as bênçãos.

Uma senhora se benze a meu lado. Olho o que ela olha: uma oração chamada "Peço por você". Há algo, uma pureza, que se eleva sobre a imitação de parafina. E nos rodeia. Não é o calor da rua que nos queima, nos embriaga nessa tarde de abril. É outra coisa.

A alguns metros, em tambores, há blocos de velas já usadas, derretidas num acinzentado que mal deixa distinguir o verde e o vermelho do santo, de todos estes pedidos que alguém incendiou.

Na imagem gigante dessa igreja, o santo que pisa um corvo preto e reluzente, de olhos esbugalhados e asas tensas, e resiste a seu crá-crá-crá com um grito de "*Hodie, hodie, hodie*!". Pisoteia com sandálias de soldado romano o seu *amanhã, amanhã, amanhã* ao grito de *hoje, hoje, hoje* e uma cruz.

Hoje. Todas as preces feitas por alguém, deixadas de lado, guardadas num latão, estão ali, em *stand by*. Me pergunto o que será delas, o que será de nós, quem escutará nossos desejos, tão justos, tão urgentes.

2

Sentem falta das gaivotas. Agora que a pele começa a cair em camadas, como se muito relutantemente alguém se metamorfoseasse em cobra, sentem falta do barulho delas caindo em queda livre sobre o mar, a alguns metros da colônia de pescadores, na praia. Eram milhares e esperavam num rochedo próximo, nos postes de luz ou na costa, paradas perto dos botes adormecidos que exibiam nomes pouco retumbantes, como *A foca*. Botes de trabalhadores que não querem conquistar o oceano, mas pegar o peixe que venderão à tarde aos turistas.

Havia horas em que as gaivotas se multiplicavam. Era quando eles chegavam com a pesca diária, a pele bronzeada e muito agasalho se os comparassem à pouca roupa daqueles que molhavam os pés no cais, a alguns metros dali. Suas casas eram de chapa, de frente para a água (imagino que fora de temporada devam ter outras casas, longe de qualquer capricho do mar), e nos postos, na beira da estrada, ofereciam peixe fresco e alguns petiscos: empanadas de lula, bolinhos de alga, miniaturas. As mulheres eram simpáticas e sedutoras, acostumadas a lidar com turistas que estacionam seus carros, compram e vão embora. No conjunto, formavam uma paisagem leve, mas que, era possível intuir, escondia suas sombras.

As gaivotas, com certeza, sabiam disso.

3

O beija-flor não pousa nunca seus pés no chão. Fica um pouco nos galhos, sim, mas não pisa na terra nem por um momento. Faz seu ninho com teias de aranhas e consegue dar até oitenta batidas de asa por segundo. Por isso aparece e desaparece num instante, como um piscar de olhos que não se chega a decifrar.

Minha mãe manda mais fotos do beija-flor que ainda continua sugando as flores do cacto que cresce voraz ao lado da casa. Às vezes penso que esse cacto crescerá até cobrir tudo. Por enquanto, está lá com suas flores laranja; à disposição do beija-flor que aparece muito pequeno nas fotos, convidando a uma espécie de *Onde está Wally*: é preciso encontrá-lo entre as folhas, despontando como uma luz azul.

4

Será que esta semana toquei as penas suaves de um filhote de pinguim-imperador recém-embalsamado... ou que quase pisei uma pomba morta, com o sangue ainda fresco, quase fumegante, na calçada; ou que talvez vi o vídeo de uma fábrica brasileira na qual uma moedora de centeio engole os grãos e no caminho leva também os pássaros que aí comem. Será que outro dia fui à lavanderia do Diego e vi as pombas machucadas que sua mulher encontra na rua e leva para cuidar. Será que estou lendo *O peregrino* e uma passagem diz: "Mesmo quando tem fome e matou com fúria, pode ficar dez ou quinze minutos quieto perto da vítima antes de começar a comer. Nesses casos, o pássaro morto não tem marcas, algo que parece confundir o gavião. Bica-o com displicência. Mal o sangue brota, ele simplesmente come".

De qualquer modo, de noite eu sonhei com filhotes que saíam, úmidos, dos ovos. Tinham sangue, sim, mas apenas começavam o caminho em direção à morte.

5

Sonho com galos de rinha enfiados em sacolas plásticas transparentes. Dão pulos para tentar sair e levantam poeira do chão de terra. Estão espalhados entre paredes sem portas e sem teto, mas alguns adivinham a situação e partem para a briga, embora as sacolas os impeçam de se tocar. São dezenas. Ando entre eles com a que finge ser meu bicho de estimação: uma pomba cinza que, ao sair dali, cai morta de susto. Muitas penas para um único sonho.

Depois me lembro desse galpão febril em Termas de Rio Hondo, onde os caras gritavam para os galos para que brigassem. No ambiente flutuava alguma coisa invisível e ácida; era a violência transformada em suor, cerveja, barriga. Lá fora, o calor do inverno de Santiago del Estero era uma carícia; dentro era pura labareda: o chão se dividia em cubículos do tamanho de uma piscininha inflável, com relógios e galos magricelas banhados com uma cera que os fazia brilhar. Alguns sangravam e seus donos os limpavam com toalhinhas brancas que logo deixavam jogadas em qualquer lugar. Na entrada desse galpão havia lugares com mesas e mais mesas de churrasco. Um testemunho da carnificina. Vendiam também artefatos para galos, para deixá-los mais letais. Alguns donos dos bichos se distinguiam, eram uns metidos com suéteres que pareciam ter saído de um campo de polo, mas apostavam na rinha. Um sujeito, segurando uma caixa, guardava as apostas.

À noite, no hotel, um homem dançava com sua mulher na pista. Eram dos poucos que faziam isso. Ela usava um vestido vaporoso e uma sombra verde nos olhos. Ele era médico e vinha do litoral. Era dono de um galo, embora até ali, àquela hora, ele com sua mulher em plena dança, não chegassem as toalhas brancas ensanguentadas dos galos.

6

Noite passada fiquei vendo um documentário sobre o condor-dos-andes. Entre as curiosidades, conta sobre sua importância na cultura dos povos originários; de como os colonizadores espanhóis o atacaram especialmente porque tinham entendido isso e sabiam que para destruir uma identidade, uma força, era importante também atacar os símbolos que a fortalecem; além de tudo isso, mostra como criam os animais num centro de proteção em Buenos Aires para em seguida levá-los até os Andes, para que voem em liberdade.

Lembrei-me de Lorenz, de um período bem curto no qual cursei psicologia: ele tinha estudado certo comportamento entre as aves e destacava que se identificam com aquilo que veem desde o primeiro momento, quando saem do ovo. Ele ocupou o lugar de mamãe gansa e descobriu o que chamou de *estampagem*. Uma palavra poderosa para descrever esse comportamento dos gansinhos, que o seguiam como se fossem seus filhotes: lá ia ele, grisalho, com botas de borracha e cachimbo na mão, seguido por uma fila perfeita de filhotes fofinhos.

Em animais maiores, isso seria mais sutil, mas funcionaria do mesmo jeito. A *estampagem*. Para que não aconteça isso aos condores e eles não fiquem, digamos assim, inúteis pelo contato com os humanos e possam eventualmente viver em liberdade, nesse lugar de procriação usam luvas de látex que simulam a cabeça da mamãe condor, que aparece por um buraco e os alimenta. É uma mãe sem cheiro, sem penas de verdade. A mão humana transformada em algo *fake*, uma ficção que procura salvá-los de outra mão humana que os levou à beira da extinção.

7

A fragilidade é um filhote de cervo em meio a um furacão.

8

No Japão surgiu o enigma: não se sabia para onde os morcegos iam durante o inverno. Eles desapareciam. Durante anos os cientistas estudaram as possíveis rotas, as possíveis causas.

Certo dia, em 2016, Kei Nomiyama, que além de seu trabalho como cientista se tornou um fotógrafo fantástico, os encontrou. Quatro mil morcegos reunidos numa caverna feita por humanos na montanha da ilha Shikoku. Resguardados do frio, dos ventos, encolhidos, enquanto a neve chega e depois vai embora.

9

Há um indício uns vinte minutos antes que tudo aconteça.

Aquele dia no final de 2004, em Khao Lak, distrito de Phang Nga, Tailândia, os elefantes estavam inquietos: olhavam o mar, se movimentavam nervosos e, finalmente, de tão enlouquecidos quebraram as correntes que os mantinham no lugar e correram na direção das colinas. Os cuidadores e um grupo de turistas japoneses (sempre há turistas japoneses) os seguiram. Alguns só por curiosidade, outros para trazê-los de volta, e não faltou quem pensasse que os elefantes sabiam de algo que o resto não sabia. Ao chegar lá em cima, souberam o que era. Do alto observaram como as ondas arrastavam caminhões e pessoas como se fossem grãos de areia.

No Sri Lanka, ao final de outro tsunami, essas bofetadas da natureza são contabilizadas como as tempestades de verão. H. D. Ratnayake, subdiretor do Departamento Nacional de Vida Selvagem, mostrou-se assombrado. "É estranho que não tenhamos registrado a morte de animais. Nenhum elefante morreu", declarou perplexo depois que o número de baixas lhe tirou o fôlego: naquela vez, só no Sri Lanka foram registradas mais de 35 mil perdas humanas. Nem um único elefante morreu.

Quem os estuda sabe que os elefantes emitem uns sussurros impossíveis de serem captados pelo ouvido humano e se comunicam, além disso, pelo jeito de andar, que gera ondas sísmicas de baixa frequência que são captadas e sobem através de suas patas, ombros e quadris para em seguida chegar aos ouvidos. Assim, põem a manada em alerta.

São tantas coisas que nos passam despercebidas, penso. Em princípio, e sobretudo, a singular ideia de manada.

10

É comum ver pelas ruas: pombas despedaçadas; uma massa de penas e sangue na qual às vezes se reconhece um bico, uma pata. Quando eu era pequena encontrei milhares de vezes avoantes mortas. Só uma vez, no entanto, cacei um filhote, embora tenha contado muitos caindo por conta da pancada da pedra que o estilingue lançou. Hoje de manhã topei com um pássaro morto que me impressionou: era um joão-de-barro que jazia no empedrado da avenida. A fragilidade deve ser isto: um corpo pequeno, de ossos como raminhos secos, que já não se move.

Se não fosse por sua rigidez e pela posição invertida, patas para o ar, teria parecido apenas algo anormal, um corpo virado por capricho, magia ou sabe-se lá o quê. Como ele tinha chegado ali? Olhei para cima e não vi árvores das quais pudesse ter caído. Me deu pena. São bonzinhos os joões-de-barro. Fazem suas casas, em seguida as abandonam e fazem outras... têm algo de vagabundos apesar do que se possa pensar deles. Olhei melhor: o pássaro estava a apenas um metro e meio de uma enorme loja de material elétrico que tem dois andares cobertos por um janelão de vidro. Supus que o joão-de-barro havia se chocado contra ele, confundido com o próprio reflexo, transformado numa metáfora anônima, devorado por seu voo.

Alguém deveria escrever uma música sobre isso.

11

De vez em quando, aparece. Principalmente por volta do final da primavera ou começo do outono. Chamam de "baba do Diabo" e tudo se transforma num lugar estranho, como se tivessem coberto o mundo de lençóis brancos antes de abandoná-lo. As responsáveis são as aranhas, que a partir de galhos, postes, tiram de suas bocas uma substância viscosa que ao contato com o ar fica sólida. Um fio finíssimo, milimétrico, que serve de rota para elas.

Aconteceu em 2015, num lugar chamado El Destino, perto de Lezama e do rio Salado, esse braço musculoso que atravessa a província de Buenos Aires. Nessa manhã, uma invasão de aranhas montou o cenário: árvores envoltas em suas teias, cobertas com esse tule vindo de outro mundo. O lençol branco, quase imperceptível, sobre o móvel de um apartamento abandonado. Os letreiros, os postes, as caixas de correio, tudo parecia estar debaixo dessa baba, esse manto de mistério, como se fosse a mensagem de algo.

Chegaram depois de uma inundação. Esse tecido, sabemos, é uma nuvem. Um modo que elas têm de viajar pelos campos. Costumam fazê-lo no começo do outono. Ou, talvez, no final da primavera. Lançam seu fio de seda e esperam num extremo, indolentes, estoicas, fleumáticas. Aguardam. Só para ver onde as leva o destino, o vento, o acaso.

12

Ilhas Daphne, Gálapagos, 1981

Era um pássaro maior que os outros, mais bicudo e com um canto estranho. Foi notado pelos pesquisadores no início da década de 1980 e desde então isso lhes tirou o sono. Essa espécie não se encaixava entre as categorias que haviam observado. Depois de anos e anos, concordaram com uma explicação: concluíram que se tratava da fusão de duas espécies. Aí, nesse cruzamento, está a história.

Pelo visto, tudo começou com um pássaro espanhol perdido ou aventureiro; um tentilhão que voou longe e chegou à ilha. Ao não encontrar uma companheira de sua espécie, se juntou a uma similar, mas nativa. Misturaram-se os genes e a miscigenação já tem seis gerações. Gestaram uma nova espécie, mas vão ficando sozinhos. Esse canto estranho, esse bico comprido, não atrai os demais.

"Estão ilhados do ponto de vista reprodutivo, porque as aves nativas da ilha não respondem a seu singular canto ou a suas formas e seus tamanhos de bico únicos na hora de encontrar o par", diz a nota de uma revista especializada, dessas em que o dado concreto lança uma ponte à poesia.

Pensemos nesse primeiro pássaro que chega ao outro lado do mundo, sem pares, e encontra uma companheira em alguém similar, e formam algo como uma estirpe, em determinado momento condenada a girar sobre seu próprio eixo, até que alguém quebre o elo.

Ou talvez até que terminem de se apagar como um fogo sutil.

13

Desde 1939 que a Austrália não se via atingida por um calor semelhante: 47,3 graus. Ainda se dá o nome de calor a tal fogo? Os morcegos que caem mortos de sufocamento são empilhados como folhas secas. Caíram das árvores, fritados pelo mormaço. Dizem que o cérebro deles ferve.

Em outras coordenadas acontece o contrário. Há um tubarão congelado em Cape Cod. Apareceu na costa como uma boia que alguém esqueceu.

E tem mais: iguanas congeladas na borda de uma piscina de gelo, tartarugas, peixes-boi. São corpos rígidos, já de tempos passados. Os jacarés, ao contrário, são astutos: aproximaram suas mandíbulas da água e deixaram gelar. Entraram num estado de letargia e são vistos assim: uma boca que aparece triunfante sobre a lagoa congelada. Um sinal de que ainda respiram.

14

Chegam de todos os lados até este povoado em Salta, na Argentina, chamado Atocha. São trazidos envoltos em tecidos suaves, "como se fossem mortalhas": corpos pequenos, como corações, que podem ser sustentados na palma de uma só mão. Em Atocha fica o único cemitério de aves do mundo; mais precisamente no pátio da casa de José Solís Pizarro, um poeta filho de uma família histórica da região. O lugar tem uns noventa anos (o poeta o criou quando tinha 16) e ainda existe, cuidado pelos descendentes de Pizarro.

Há quem sustente que quando um pássaro morre não é o caso de lançá-lo ao vento. Por isso vão até esse lugar e o enterram. Pizarro costumava ficar muitas tardes passeando por esse cemitério, que considerava sagrado. Um dia, disparou um tiro em si mesmo na frente da imagem da Virgem do povoado. Alguns tormentos não se apagam nem com o canto de duzentos pássaros do além.

Na entrada do lugar há um cartaz que evoca: "Lembre-se de mim pelo meu canto e não pelo meu silêncio". Na antessala desse recanto de lápides mínimas há pedras com versos esculpidos e desenhos de pássaros azuis, amarelos, pretos. Abaixo, na terra, acumulam-se os ossos frágeis de centenas deles.

Quem dera existisse alguma lenda que dissesse que é possível escutar todos seus cantos nas noites de lua cheia para romper o silêncio do poeta que um dia lhes cedeu o lugar.

15

Que é que faz toda essa gente? É alguma arte marcial? Ou praticam uma dança estranha e pagã? Não. Trepam nas árvores frutíferas para fazer o que as abelhas já não fazem. Sobem ao topo das escadas e inspecionam os frutos como se fossem a passarada. Mas qual é o sentido disso? Há pouco tempo, um grupo de cientistas anunciou o que já imaginávamos: as abelhas são os animais mais importantes do planeta, porque sua parte na polinização das flores é fundamental. Graças a elas, em seguida surgem as sementes e os frutos que nós comemos, e assim...

Mas as contas não estão a favor. Noventa por cento dos insetos desapareceram ou estão em risco de extinção. Vivem uma prorrogação de tempo. E nessa região, ao sudoeste da China, os produtores agrícolas tentaram fazer algo bem artesanal: transformar-se em bichos, fazer o trabalho deles. Não livres da falta de jeito, um a um, árvore por árvore, polinizam com suas mãos as cerejeiras, levam pólen às pétalas de flor da macieira. Tentam recuperar essa delicadeza. Fazem uma tarefa mais barata para suprir o que outros resolvem com mais dinheiro, quando alugam abelhas para seus campos, para que venham polinizá-los. Aqueles produtores chineses não podem pagar por isso e se transformam em operárias sem rainha.

Nós, humanos, somos estranhos. Quebramos, tentamos consertar, voltamos a quebrar.

Emily Dickinson, que ficava horas observando as abelhas, dizia:

Para fazer uma campina basta um trevo e uma abelha,
um trevo, e uma abelha,
e fantasia.

Fogo

1

Daniel Kronauer estuda as formigas. Esse cientista alemão se detém, em especial, no comportamento delas. Mas há algumas em particular que capturam sua fascinação: são as formigas de correição que vivem na Costa Rica e montam uma parede com seus corpos entrelaçados. Uma sobre a outra sobre a outra sobre a outra, até formar estruturas estranhas, nós e ninhos nos quais resguardam as mais poderosas dessa pirâmide social. São nômades, agressivas e atacam em massa. Armam o punho, fazem um bloqueio mortal. Chamam essa toca viva de bivaque. As mais velhas, do lado de fora; as mais jovens, do lado de dentro, perto da rainha, das larvas, dos ovos. O futuro da espécie, bah...

Voltemos ao amigo Kronauer. Numa de suas tantas pesquisas, em 2017, descobriu algo impressionante: um besouro que viaja sobre elas, como um rei ou um cavaleiro soberbo. Tudo bem... Na verdade, cavaleiro não, mas clandestino, porque se agarra na cintura delas e se deixa levar, para não gastar energia.

A foto tirada pelo entomologista é bonita. Apesar disso, foi outra que ganhou, uma que mostra uma raposa com uma marmota, uma imagem de almanaque, mais explícita. A grande parede vermelha de formigas é diferente, guarda certa sutileza, essa mesma que devem admirar aqueles que dedicam sua vida inteira a estudar aquilo que mede menos que uma unha.

2

"Um entomologista não é um inseto", disse uma vez Kenneth Rexroth...

Eu não o conhecia, mas alguém me disse seu nome e recomendou seu bestiário. Nele encontrei essa frase, que serve de enlace.

Neste universo de bichos, elas seguiram suas pegadas.

Maria Sibylla Merian, que nasceu na Alemanha em 1647 e tinha 52 anos quando embarcou para o Suriname para desenhar insetos fascinantes que tinha admirado a vida toda sem poder vê-los no ambiente natural. Lá desenhou lâminas impregnadas de vida, muito diferentes das quase burocráticas linhas que muitos naturalistas homens traçavam naquele momento.

Mary Kingsley, que nasceu na Inglaterra em 1862 e quando fez trinta anos viajou para a África para completar um livro que seu pai não pôde terminar. No continente negro aprendeu a conduzir uma canoa, a escalar e a desafiar todos os religiosos que queriam introduzir sua moral na visão das populações locais. À moral vitoriana com a qual viam os costumes dessas comunidades, ela respondia com outra lógica: mais vale uma poligamia organizada que uma monogamia desorganizada. Rudyard Kipling, fascinado com essa personagem que parecia ter saído de sua própria obra, definiu-a como "a mulher mais corajosa que já conheci". Não se especializou em insetos, mas alertava que lá, na África, eram seres que era necessário respeitar (ou evitar, se você queria conservar sua vida).

Agora sim, mais uma: Margaret Elizabeth Fountaine, que, assim como Mary, nasceu em 1862. Percorreu Europa, África do Sul, Índia, Tibete, América, Austrália e Índias Ocidentais em busca de borboletas. Juntou, ao longo da vida, mais de vinte mil espécies recolhidas em todos os cantos do planeta. Brigou sempre para que a considerassem uma entomologista e não uma colecionadora. Conseguiu que muitos reconhecessem sua capacidade de mostrar a metamorfose de uma borboleta de uma forma que nunca tinham conseguido: em sua total beleza.

O mundo que aquelas mulheres registravam mudou. Todos os dias há notícias que tencionam este fio invisível.

— Um cachorro ataca um cisne-de-pescoço-preto e se fala em acabar com as matilhas selvagens.

— Uma tartaruga morre com 344 anos, depois de viver em palácios junto com reis.

— Um tigre da Tasmânia para numa estrada, vira para olhar um casal de idosos e continua seu caminho, embora pensassem que estivesse extinto há oitenta anos...

E os insetos? Quarenta por cento das espécies estão em perigo de extinção; no entanto, há alguns que resistem e outros que, depois de 50 milhões de anos, recuperam as asas perdidas: os bichos-pau (que têm este nome porque se parecem com um galho), por exemplo, desenvolveram em algumas comunidades a habilidade de voar. Eles, na verdade, a recuperaram e com esse pequeno detalhe deslumbraram os entomologistas... e os amantes de histórias de revanche.

3

Fangsheng é um ritual budista que alguns também chamam de "Liberação da misericórdia" e consiste em colocar animais em liberdade para gerar um bom carma. Ano após ano, milhares de budistas participam dessa cerimônia. Em especial, escolhem as tartarugas, embora também soltem macacos e outras espécies.

Diante desse fervor, outras pessoas montaram um negócio que se tornou muito rentável: caçam animais selvagens e os vendem àqueles que participam do ritual, que compram felizes seu animalzinho para libertar. Ao que parece, o exotismo do animal que vai ser libertado seria proporcional ao mal ocasionado, de forma que às vezes é preciso colocar muito dinheiro. O problema é que tiram a criatura do seu habitat para libertá-la em qualquer lugar. Há pouco tempo encontraram uma cobra píton numa praia.

Aí entra em jogo outro grupo de pessoas, os que salvam animais, que vão de um lado para o outro procurando os que foram capturados e em seguida libertados ao acaso. Não muito tempo atrás, por exemplo, frearam um grupo que ia libertar quinhentas tartarugas brasileiras num campus universitário.

Não sei que carma se gera em toda essa cadeia, mas está saturada de ironia.

4

Minha mãe me disse que teve que desenterrar o aloe vera que levei outro dia para o povoado. Como esses animais que deixam no campo para que tenham a vida que na cidade não podem ter, eu a levei e plantei lá, debaixo da aroeira, porque aqui, na varanda, já estava ficando fraco e desengonçado. A planta não resistia à minha excessiva irrigação nem ao detalhe de que o vaso não tinha buracos para filtrar a água, mas também não resistiu às chuvas que, de repente, são parte da rotina ali. Agora está aí, só um nó por raiz, e vamos ver o que vai acontecer. Mas vejo que tudo foi muito mais que minha planta saturada.

Em Pringles, a 90 quilômetros de Cabildo, por exemplo, há seiscentos desabrigados. A água levou uma ponte e bloqueou as estradas. Também vejo fotos da entrada de Cabildo: é possível ver a ponte sobre o riacho Napostá. A água subiu até o asfalto, transbordou. O riacho perdeu sua forma. Lembro-me de que, há muitos anos – nem vale fazer as contas –, aconteceu algo similar e fomos de camionete ver esse Napostá que dava patadas à medida que descia das montanhas. Éramos muitos estacionados na beira da estrada, só olhando. Então, assim como em Pringles, uma ponte também caíra. E nada mais. Era uma inquietação bastante inofensiva.

Correm raivosos os riachos de outubro, escrevi outro dia. Parece que eles continuam assim.

5

E. me conta que sua amiga é japonesa e mora em frente ao zoológico. Diz que ela lhe conta que, desde que chegou a Buenos Aires, escutou o rugido de acasalamento dos leões dia e noite. Da enorme janela do apartamento que ela aluga em Palermo e que dá para a jaula, ela passava horas olhando para eles. Tinha se acostumado aos rugidos (na época do cio, os leões acasalam até cem vezes ao dia). Eles viraram parte de seus dias. Sua pequena savana interior. Lá do alto, ela os escutava de manhã, à tarde e durante as noites, enquanto praticava tango com os professores que iam lhe ensinar no apartamento. Nunca vi uma foto sua, mas consigo imaginá-la graciosa, delicada, olhando os leões em silêncio num apartamento despojado e elegante.

Parece que ontem algo mudou: viu uns homens anestesiarem os leões e levá-los para algum lugar. Assustou-se. Escreveu a E. para contar o que aconteceu.

Agora leio que ontem levaram os dois leões ao aeroporto de Ezeiza para conduzi-los a Minnesota, onde vão morar num santuário. Vou escrever a E. para que conte à amiga. Imagino que o tango que ela dança vai adquirir um tom a mais de nostalgia nessas noites, nessa varanda.

6

Tínhamos ido buscar um cordeiro para o churrasco. Ele disparou da caminhoneta na direção do grupo de ovelhas que se comprimia contra a cerca, uma mata cinza bem uniforme. Primeiro foi o barulho, um fio de vento. Imediatamente um corpo caiu lá longe. As ovelhas se dispersaram, fugiram. Foram as vacas que rodearam o cordeiro morto e começaram a mugir. Era um círculo sagrado, um coro de viúvas negras. Era inverno, acho. Parece que sinto o açoite do frio e vejo o ondular da água no tanque australiano, alguns metros adiante.

Desde aquele dia penso que as vacas são muito mais interessantes do que parecem. Não apenas eu. Em *A vida secreta das vacas*, Rosamund Young escolhe uma epígrafe de Joanne Bower: "As pessoas assistem impressionadas programas de televisão sobre a vida social dos elefantes (seus grupos familiares, afetos, cooperação mútua e senso de diversão) e não se dão conta de que, se dermos oportunidade a eles, nossos animais de fazenda desenvolvem estilos de vida muito similares".

7

A casa estava semiabandonada desde 1974. Alguns parentes passavam os fins de semana lá, segundo entendi, e foram levando coisas. Também tiveram que arrancar a tapeçaria pela invasão da hera.

É assim que conta a diretora do colégio Mar del Plata Day School no que foi o casarão de praia de Silvina Ocampo e Bioy, para Mariana Enríquez, que foi atrás de pistas da irmã mais nova nesse lugar cheio de recordações.

Adoro essa imagem da hera que avança pela casa desabitada. Como uma língua de fogo. Uma labareda. Essa hera silenciosa, obstinada, deveria ser uma lei natural, algo que age por conta própria sobre tudo que deixamos para trás.

8

Chamam de "a timidez da coroa" e detectaram o fenômeno na década de 1920, embora sempre tivesse existido. A expressão define bem essa sutil elegância de algumas árvores, como o lariço-japonês e o eucalipto, que conseguem que suas copas mantenham um equilíbrio supremo para não se tocarem entre si.

Desde aqui debaixo se vê como um rio de luz que abre espaço entre as folhas, um mapa aceso que só podemos apreciar se olharmos para cima.

Talvez se trate disso, não é?

9

Mabel Stark (Kentucky, 1889-Califórnia, 1968) sempre sonhou em domar leões. Disposta também a segurar firme as rédeas de seus sonhos, entrou como ajudante do circo de sua cidade e logo se transformou na estrela do show. Teve vários homens em sua vida, mas todos passavam. A única constante foi seu amor pelos felinos. Aprendeu a domá-los sem violência, apenas com atitude. Ficava enfurecida se alguém batia neles. Três vezes a atacaram feio. Uma delas quando estava na jaula com dezoito leões. Segundo contam, seu corpo tinha tantas listras como um tigre: eram suas cicatrizes. Foi de um lado para o outro. Fez história.

Em 1968, ela foi despedida do circo no qual trabalhava. Já estava com 79 anos, mas resistia à aposentadoria. Pouco depois, um de seus tigres fugiu da jaula e o novo dono o matou. Existe sua autobiografia circulando. Ali dizia que, se tinha que morrer, preferia que fosse pelas mãos de suas feras. Era muito tarde para isso. Suicidou-se num 20 de abril.

As fotos dos seus melhores anos são belíssimas.

10

Na Reserva Ecológica hoje à tarde voavam duas borboletas amarelas. Ah... voavam muitas, mas prestei atenção nessas. Lembrei-me das borboletas amarelas que voavam no pasto em frente a minha casa, quando era pequena. Eram muitas, centenas, milhares. Mas muitas de verdade. Revoavam por cima das flores também amarelas, como elas, e eu as caçava com uma bacia. Jogava a bacia em cima, sobre as ervas daninhas, e em seguida colocava a mão por baixo do plástico para agarrar a que tivesse ficado esvoaçando desesperada ali dentro. Pegava-a pelas asas e colocava-a junto com outras que já estavam guardadas numa garrafa de vidro. Eu me lembro da garrafa de vidro verde repleta de borboletas. Uma garrafa com uma chama dentro. Não pensava, naquela época, que estivessem presas, nem que ali certamente morreriam. Não pensava que aquele pó amarelado que se desprendia de suas asas e ficava entre meus dedos fosse o rastro do pouco tempo que lhes restava.

11

Num depósito do Afeganistão há casulos de bichos--da-seda presos a folhas de amora. Lembrei-me dos bichos-do--cesto que pendiam dos tamariscos que ficavam ao lado da casa, no povoado. Não brilhavam assim, claro, mas guardavam dentro deles uma medida de tempo.

12

Na avenida Nazca, no pátio da frente de uma lavanderia desenxabida que algum dia foi casa e ainda conserva um quê doméstico, existe uma araucária. Está um pouco depenada, mas conserva esse fulgor de lenda de sua espécie. Na direção da casa também se veem limões e laranjas que ninguém arrancou na copa das árvores, sobrepassando alguns paredões.

Eles e a araucária estão lá, no meio do acinzentado; são como uma tênue resistência.

13

Em dois segundos o fogo avançou desde o terreno vizinho. Num minuto era: "Ai, olha o fogo", e num instante se aproximava da casa como um lobo de sorriso perverso. No verão sempre é assim no povoado. Alguém que passa por uma esquina e acende uma chaminha e em seguida o vento faz o resto. Primeiro tiramos a égua, que havia ficado do lado das chamas. Em seguida corremos com os baldes que se enchiam lentamente, tão lentamente, para impedir que chegasse à casa. Tudo era fumaça branca, calor e crepitar. Logo os bombeiros vieram, que acabavam de apagar outro incêndio em outro lugar. Estes dias estão assim, de fogo em fogo, na correria.

Há alguns anos, uma noite, minha irmã e eu estávamos deitadas em nosso quarto de meninas e começamos a sentir um crepitar. Eu é que senti, que sou covarde e não sabia se era fogo ou outra coisa que se mexia atrás da persiana na escuridão, e disse a ela que verificasse que barulho era aquele. Levantamos a persiana e o fogo estava no campo ao lado. Todos nós corremos para a madrugada procurando baldes. Meu pai ainda estava vivo e levou a mangueira. Tentávamos conter o fogo até que os bombeiros chegaram. Eu saí com um balde cheio, e o joguei muito perto da casa, muito longe do fogo, justo quando meu pai vinha, e o ensopei. Com certeza arranquei dele um palavrão. Ainda me lembro de seu rosto perplexo quando a uma hora da manhã, meio aos trambolhões, tentava apagar um fogo e recebia, em troca, um golpe de água fria.

Seja como for... o fogo... agora o campo ficou todo preto. Os bombeiros molharam tudo, o incêndio se controlou, e, quando todos foram embora, os ximangos voavam baixo para tentar caçar o que agora, sem o capinzal, ficava a descoberto. Vi um deles levar voando uma pequena cobra.

14

Num bairro de Córdoba, as pessoas usam guarda-chuvas para se defender do ataque de ximangos que tomam altura, descem em queda livre e bicam ou arranham a cabeça dos transeuntes desprotegidos.

No Brasil, a onça-pintada que esteve na cerimônia da tocha olímpica atacou um homem e por isso a sacrificaram. Muito pouco afeita à disciplina, num campo de atletas que levam o metódico ao extremo.

Na Disney, um crocodilo arrastou uma criança para o fundo de uma lagoa, uma das tantas construídas nesse país de plástico, fantasias e perucas. O crocodilo tornou-se muito monstruoso para o domínio dos sorrisos por encomenda. Logo depois do deslize do animal, os organizadores decidiram tomar medidas; colocaram cartazes avisando: "Cuidado com os jacarés".

A cada ano na Índia milhares de pessoas são atacadas por tigres, leopardos, elefantes e cobras. Muitos explicam que esses encontros fatais, essas incursões dos predadores no mundo urbano, são consequência da destruição de seu habitat.

Na Itália, os javalis assolam Roma e tudo se resume a uma espécie de sabá de lama e untuosidade. Pier Paolo Pasolini faria um filme sobre isso.

Por todo lado, um limite frágil se rompe dia a dia, hora a hora, um pouco mais. Em silêncio, uma garra invisível empurra as primeiras peças de uma cuidadosa fila de dominó.

15

Vi dois peixes mortos flutuando nos aquários do mercado Porto de Frutos, em Tigre. Pequenos, arqueados, tão leves diante dos dedos das crianças que assinalavam com naturalidade que estavam mortos. Vi um pássaro preto e encurvado sobre um cais mordido pelo rio, em alguma das ilhas. Vi um poodle bem chique na bolsa de uma senhora bem chique num chalé muito chique. Vi minhocas na terra do meu vaso de planta – fazia anos que não via minhocas, muito menos se contorcendo na terra dos meus vasos –, abrindo caminho para se esquivar da pá que dava lugar aos morangos que agora crescem – espero – sob a luz das cinco horas da tarde na minha varanda. Vi isso. O dia foi bom.

E, enquanto dormimos, as minhocas se contorcem.

16

A rota 251 é uma língua seca: arbustos que não terminam de brotar, chassis oxidados, santos pagãos na beira da estrada, uma ou outra lhama que se chateia e move o maxilar com displicência.

Paraíso perfeito. Uma linha hipnótica até o próprio Inferno.

No carro toca Lou Reed. Uma vespa se choca contra o vidro e é uma bofetada. Sobrevive e se agarra ao limpador do para-brisa. O vento cospe com violência uma rajada que faz tilintar suas asas como uma sacola plástica na estrada, dessas que se abraçam às farpas da cerca de arame.

Tem asas avermelhadas. O corpo robusto, o traseiro azulado. As patas graciosas se movem procurando prender-se em algo. Parece uma bailarina debaixo d'água a ponto de perder algo, talvez um suspiro.

Para se salvar passa por cima do corpo de outra vespa igual a ela, só que menos forte. Igual a ela, porém morta. E o vento volta a atirá-la aos recantos do ferro que avança. O corpo fica lutando, alheio ao destino do carro. De nossas férias. De nós que a olhamos para matar o tédio e rompemos sua última intimidade.

No final se transforma numa flor seca, castigada pelo sol.

17

"Tomara que se lembre deste momento", penso. E lhe digo:

Respira.

Me pergunta para quê.

Como lhe dizer? Nessa época do ano em que as tipuanas começam a chorar, e o sol bate inclinado a esta hora do dia, e avançamos na bicicleta. Lá longe alguém medita debaixo de uma árvore, e o trem passa com um uivo leve que corta o silêncio, mas não o fere, e esses gatos sobre o telhado de chapa veem o tempo passar com displicência e o verde é um triunfo por todos os lados: pinheiros, ipês, jacarandás, carvalhos, quebrachos, paineiras...

Falamos daqueles que viajam apertados no metrô, da sorte que é ir por aqui. Marosa di Giorgio dizia que, se fosse presidente, daria a cada cidadão uma borboleta como guarda-costas. Falava também da importância dos jardins. Tinha razão, como sempre. Cada um de nós deveria caminhar pelo menos uma vez por dia por um caminho de terra repleto de árvores. Algum parafuso dos nossos tantos voltaria a se apertar.

Talvez a botânica seja a única religião possível; pelo menos a mais benevolente.

1. **Teoria dos rostos,** DE
   JOSÉ EDUARDO ALCÁZAR
2. **O inseto friorento e o vento feral,** DE
   EVERARDOBR
3. **Criaturas dispersas,** DE
   NATÁLIA GELÓS

A coleção éleá cruza a fronteira pela primeira vez e vem com um dos textos mais sutis e elegantes da literatura do Mercosul.

fevereiro de 2025

Impressão: RETTEC
Papel miolo: PÓLEN BOLD 70 g/m²
Papel capa: Cartão Supremo 250 g/m²
Tipografia: DOMAINE & GAZPACHO